宜宾市常见蘑菇中毒防控实用手册

宜宾市疾病预防控制中心　汇编

李海蛟　主审

邓开旗　李昭辉　主编

科学技术文献出版社

SCIENTIFIC AND TECHNICAL DOCUMENTATION PRESS

·北京·

图书在版编目（CIP）数据

宜宾市常见蘑菇中毒防控实用手册 / 宜宾市疾病预防控制中心汇编；邓开旗，李昭辉主编. -- 北京：科学技术文献出版社, 2025. 2. -- ISBN 978-7-5235-2249-3

Ⅰ. Q949.32-62；R595.7-62

中国国家版本馆 CIP 数据核字第 2025WR2830 号

宜宾市常见蘑菇中毒防控实用手册

策划编辑：孔荣华　责任编辑：王　霞　责任校对：王瑞瑞　责任出版：张志平

出　版　者　科学技术文献出版社
地　　　址　北京市复兴路15号　邮编　100038
编　务　部　（010）58882938，58882087（传真）
发　行　部　（010）58882905，58882868
邮　购　部　（010）58882873
官 方 网 址　www.stdp.com.cn
发　行　者　科学技术文献出版社发行　全国各地新华书店经销
印　刷　者　北京地大彩印有限公司
版　　　次　2025 年 2 月第 1 版　2025 年 2 月第 1 次印刷
开　　　本　880×1230　1/32
字　　　数　40千
印　　　张　2.25
书　　　号　ISBN 978-7-5235-2249-3
定　　　价　39.80元

编委会

序

　　宜宾市位于四川南部，气候湿润，适合众多野生菌生长。每年 6—10 月的丰雨季节，也是蘑菇中毒事件的高发期。部分市民有采食或购买野生菌的习惯，且对毒蘑菇的风险防范意识较为薄弱，导致中毒事件频发。为了有效预防和控制蘑菇中毒事件的发生，宜宾市疾病预防控制中心自 2021 年开始，每年对三区七县开展野生菌专项监测，初步掌握了当地野生菌尤其是毒蘑菇的时空分布特征与规律，结合蘑菇的形态学和分子生物学鉴定结果，编写了这本《宜宾市常见蘑菇中毒防控实用手册》。

　　本手册旨在通过详细介绍宜宾市常见的毒蘑菇种类、形态特征及中毒症状，提高公众尤其是农村居民的防范意识，同时指导卫生健康部门和疾病预防控制机构做好蘑菇中毒防控工作，并为市场监管部门规范野生菌交易市场提供了技术、理论支撑。

　　期待通过本手册的广泛宣传和使用，能够有效地减少宜宾市蘑菇中毒事件的发生，为保卫人民群众生命健康，构建一个安全、健康的饮食环境做出应有的贡献。

李海蛟

2024 年 9 月

前言

在中国的传统饮食习惯中，野生食用菌作为山珍野味，具有较高的营养价值和药用价值，备受人们推崇。每逢夏秋季节，各地均有较广泛的采食习惯，但也伴随着一定的食品安全隐患。据资料记载，宜宾市每年均有误食毒蘑菇引起的食源性疾病报告，2019—2023 年全市食源性疾病暴发事件中就有 57 起蘑菇中毒事件，同期占比为 41.91%。毒蘑菇已成为宜宾市主要的食源性疾病暴发因素之一。

毒蘑菇物种鉴定方法主要有形态学分类和分子生物学鉴定，但是需要专业人员才能开展。而毒蘑菇图鉴因其直观、易推广等优势，在疾病预防、健康保障方面发挥着巨大作用。各地政府和疾病预防控制部门也通过推广毒蘑菇的图文，进一步传播食品安全和营养健康理念，倡导健康的饮食习惯。

本书介绍的宜宾市 2021—2023 年野生菌专项监测工作中发现的具有代表性的 20 余种毒蘑菇均经过了中国疾病预防控制中心形态学分类和分子生物学鉴定。全书内容以蘑菇中毒防控的最新理念和出版物为指导，以宜宾市本地野生菌监测结果和文献中的图文数据为基础，力求突出科学性、实用性，让普通百姓和医务工作者、市场监督等专业人员能够看得懂、用得上。

　　宜宾市野生菌专项监测工作得到了中国疾病预防控制中心职业卫生与中毒控制所、宁夏回族自治区疾病预防控制中心理化检验科、四川省疾病预防控制中心营养与食品卫生安全所、宜宾市各县（区）疾病预防控制中心有关领导和同行们的大力支持。中国疾病预防控制中心职业卫生与中毒控制所李海蛟博士为本书的编写提供了有价值的资料和经验，在此一并表示衷心的感谢！

　　本书汇集了多年来上百位专家学者和疾病防控从业人员的实践研究和宝贵经验，在此，谨向被引用文献资料的原作者们致以诚挚的谢意！

　　由于编者的学识、水平与经验所限，书中纰漏、错误在所难免，恳请读者批评指正。

本书编委会

2024 年 9 月

目 录

第一章　蘑菇中毒概述 ·································· 1

一、蘑菇中毒的定义 ·················· 2

二、蘑菇中毒的危害 ·················· 2

三、蘑菇中毒的流行病学特点 ·········· 3

四、毒蘑菇的分布概况 ················ 4

第二章　常见毒蘑菇的种类与特征 ·················· 9

一、胃肠炎型 ······················· 10

二、急性肝损害型 ··················· 30

三、急性肾衰竭型 ··················· 34

四、神经精神型 ····················· 37

五、溶血型 ························· 45

第三章　蘑菇中毒的诊断与鉴别 ·················· 47

一、蘑菇中毒的诊断 ················· 48

二、蘑菇中毒的毒素检测 ············· 48

三、部分毒蘑菇与食用蘑菇的鉴别 ····· 49

第四章　蘑菇中毒的预防与控制 ·················· 55

一、提高公众对蘑菇中毒的认识 ······· 56

二、加强食品安全监管，防止有毒蘑菇流入市场 ··· 56

三、建立蘑菇中毒的预警与应急机制 ··· 56

四、开展蘑菇中毒的健康教育与培训 ··· 57

五、加强蘑菇中毒的研究与技术创新 ··· 58

参考文献 ································ 59

后 记 ·································· 61

第一章

蘑菇中毒概述

一、蘑菇中毒的定义

蘑菇中毒是指因误食毒蘑菇而引起的一种中毒性食源性疾病。

二、蘑菇中毒的危害

毒蘑菇中的毒素会对人体产生毒性作用，导致中毒症状的出现，严重时甚至会危及生命。常见的临床表现如下。

1. 消化系统损害

一般在误食后十几分钟至十几个小时内发病，主要出现恶心、呕吐、腹痛、腹泻等症状，可能伴有畏寒、发汗、心动过速，严重时可能出现循环障碍或电解质紊乱等。胃肠炎症状可出现在多种类型的蘑菇中毒中，有些类型甚至是剧毒的。

2. 肝、肾功能损害

一般在误食 6 小时后发病（不同种类的毒蘑菇潜伏期长短不同），引起血液中转氨酶、肌酐、尿素氮升高，凝血功能障碍等，严重时可能会导致多器官功能衰竭。

3. 神经精神损害

不同毒素的发病潜伏期长短也不同，有的 2 小时内发病，有的 6 小时后发病，出现头痛、眩晕、恶心、呕吐、抽搐、谵妄、幻觉等症状，严重时可能导致昏迷或瘫痪。

4. 溶血

一般在误食后 30 分钟至 3 小时内出现恶心、呕吐、腹痛、腹泻等症状，不久后出现溶血、尿液减少甚至无尿、尿液中出现血红蛋白、贫血等症状，伴随肾衰竭、休克、呼吸衰竭、弥散性血管内凝血等并发症。

三、蘑菇中毒的流行病学特点

蘑菇中毒的流行病学特点与人们的采食习惯、地域环境、人群特征等因素密切相关。

1. 季节性

通常发生在夏秋季节。这是因为在这个季节里，野生菌生长得比较茂盛，人们采摘食用的机会更多，更容易误食有毒蘑菇。

2. 地域特征

不同地区的野生菌种类和毒性可能会存在差异，一般来说，山区、林区等自然环境较为复杂的地区，蘑菇中毒的发生率相对较高。

3. 人群特征

蘑菇中毒主要发生在一些对野生菌缺乏了解或采食不当

的人群中，如老年人、儿童、农民、野外工作者等。这些人由于经验不足或知识匮乏，容易误食毒蘑菇而中毒。

4.传播途径

蘑菇中毒主要通过食物传播，即人们误食了含有毒素的野生菌而中毒。此外，一些不法商贩为了牟取暴利，将一些有毒蘑菇混入可食蘑菇中进行销售，也是导致蘑菇中毒的重要原因之一。

四、毒蘑菇的分布概况

2020—2022年宜宾市疾病预防控制中心工作人员通过专项监测工作发现了44种毒蘑菇，2022年与2023年在食源性疾病暴发事件应急处置中又陆续发现了5种毒蘑菇。一共整理出49种毒蘑菇，包括伞菌类36种、牛肝菌类7种、马勃类4种、多孔菌类1种、珊瑚菌类1种，毒性以胃肠炎型最多（59.18%），其次为神经精神型（22.45%），分布于宜宾市三区七县10个行政地区，见表1、表2。

表 1　宜宾市 49 种毒蘑菇种类

类别	名称和毒性				
	胃肠炎型（29 种）	急性肝损害型（4 种）	急性肾衰竭型（4 种）	神经精神型（11 种）	溶血型（1 种）
伞菌类（36种）	暗顶蘑菇、白小鬼伞、纯黄白鬼伞、肥脚白鬼伞、浅鳞白鬼伞、变红青褶伞、大青褶伞、球盖青褶伞、点柄黄红菇、黄盖小脆柄菇、近江粉褶菌、近江粉褶菌近似种、宽褶大金钱菌、栎裸脚伞、穆雷粉褶菌、球基蘑菇、日本红菇、亚毛脚乳菇	裂皮鹅膏、致命鹅膏、灰花纹鹅膏、毒环柄菇	假褐云斑鹅膏、拟卵盖鹅膏、异味鹅膏、血红丝膜菌	蝶形斑褶菇、假格纹鹅膏、美黄鹅膏近似种、球基鹅膏、紫褐裸伞、星孢丝盖伞近似种、格纹鹅膏、锥鳞鹅膏、变蓝灰斑褶菇、毡毛小脆柄菇	
牛肝菌类（7种）	隐纹条孢牛肝菌、芝麻厚瓤牛肝菌、黑斑绒盖牛肝菌、滑皮乳牛肝菌、松林乳牛肝菌、黑毛小塔氏菌			黑紫变黑牛肝菌	
马勃类（4种）	橙黄硬皮马勃、毒硬皮马勃、网状硬皮马勃、豆马勃				
多孔菌类（1种）	覆瓦假皱孔菌				
珊瑚菌类（1种）					鹿角肉座壳菌

表2 宜宾市49种毒蘑菇地区分布

地区	名称和毒性				
	胃肠炎型（29种）	急性肝损害型（4种）	急性肾衰竭型（4种）	神经精神型（11种）	溶血型（1种）
翠屏区（8种）	白小鬼伞、橙黄硬皮马勃、大青褶伞、隐纹条孢牛肝菌、松林乳牛肝菌、豆马勃		拟卵盖鹅膏	紫褐裸伞	
叙州区（10种）	白小鬼伞、芝麻厚瓤牛肝菌、覆瓦假皱孔菌、栎裸脚伞、球基蘑菇、网状硬皮马勃、豆马勃			格纹鹅膏、紫褐裸伞、假格纹鹅膏	
南溪区（5种）	黄盖小脆柄菇、肥脚白鬼伞、栎裸脚伞、大青褶伞			黑紫变黑牛肝菌	
长宁县（10种）	白小鬼伞、点柄黄红菇、黑斑绒盖牛肝菌、黑毛小塔氏菌、大青褶伞、纯黄白鬼伞			蝶形斑褶菇、格纹鹅膏、紫褐裸伞、星孢丝盖伞近似种	
兴文县（4种）	日本红菇、近江粉褶菌		异味鹅膏	格纹鹅膏	
江安县（9种）	近江粉褶菌、白小鬼伞、点柄黄红菇、松林乳牛肝菌、大青褶伞	裂皮鹅膏		紫褐裸伞、格纹鹅膏、球基鹅膏	
高县（16种）	白小鬼伞、变红青褶伞、橙黄硬皮马勃、纯黄白鬼伞、点柄黄红菇、毒硬皮马勃、近江粉褶菌、近江粉褶菌近似种、黑毛小塔氏菌、松林乳牛肝菌、黄盖小脆柄菇		拟卵盖鹅膏、假褐云斑鹅膏	格纹鹅膏、黑紫变黑牛肝菌、球基鹅膏	

续表

地区	名称和毒性				
	胃肠炎型（29 种）	急性肝损害型（4 种）	急性肾衰竭型（4 种）	神经精神型（11 种）	溶血型（1 种）
珙县（7种）	黄盖小脆柄菇、浅鳞白鬼伞、变红青褶伞、	灰花纹鹅膏		球基鹅膏、变蓝灰斑褶菇、毡毛小脆柄菇	
筠连县（10种）	芝麻厚瓤牛肝菌、变红青褶伞、穆雷粉褶菌、栎裸脚伞	致命鹅膏	血红丝膜菌	格纹鹅膏、美黄鹅膏近似种、锥鳞鹅膏	鹿角肉座壳菌
屏山县（9种）	滑皮乳牛肝菌、宽褶大金钱菌、暗顶蘑菇、亚毛脚乳菇、肥脚白鬼伞、黄盖小脆柄菇、近江粉褶菌	毒环柄菇、致命鹅膏			
三江新区*（1种）	球盖青褶伞				

注：*三江新区为经济开发区，非行政区。

第二章

常见毒蘑菇的种类与特征

按蘑菇毒性，宜宾市范围内出现的种类主要有胃肠炎型、急性肝损害型、急性肾衰竭型、神经精神型和溶血型。

一、胃肠炎型

1. 大青褶伞（又名铅青褶伞、铅绿褶菇）
Chlorophyllum molybdites (G. Mey.) Massee

1.1 形态特征

大青褶伞大体呈白色或污白色至浅灰褐色，受伤后变淡红色或红褐色。菌盖直径为 5 ~ 25 cm，有的可达 30 cm，幼时呈半球形，成熟后平展近伞形，中部稍凸起；幼时表皮呈暗褐色或浅褐色，后期逐渐裂变为鳞片，成熟后中部鳞片大而厚，呈浅褐色至紫褐色，边缘渐少或脱落。菌褶离生，宽且不等长，成熟后呈浅绿色至青褐色或淡青灰色。菌柄长可达 28 cm，直径为 1 ~ 2.5 cm，基部稍膨大，空心。菌柄靠上的位置有菌环，菌环以下有纤毛。见图 1。

1.2 生长环境

夏秋季节群生或散生，常生长于林地、公园或小区草坪上、农村菜地、荒地、锯末堆、垃圾堆旁。已发现于翠屏区、南溪区、长宁县、江安县。

1.3 毒性和临床表现

有毒。误食后10分钟至2小时内发病，表现为剧烈的恶心、呕吐、腹痛、腹泻等胃肠炎症状，可能伴有焦虑、发汗、畏

图1　大青褶伞

寒和心跳加速等症状，对肝等脏器和神经系统也有一定的损害。一般预后较好，但严重者可因脱水、电解质紊乱出现休克、昏迷，甚至死亡。

1.4　涉及事件

2021年9月，翠屏区发生一起2人中毒事件。

2023年7月，长宁县发生一起4人中毒事件。

2023年8月，江安县发生一起5人中毒事件。

2. 变红青褶伞

Chlorophyllum hortense (Murrill) Vellinga

2.1 形态特征

菌盖直径为 3 ~ 7 cm，幼时近卵圆形，后期平展中突，成熟时表面呈白色至米色，被有淡黄色至黄褐色鳞片，中部颜色较深，有显著的钝圆形凸起，伞盖边缘有条纹。菌肉呈白色，受伤后不变色或变淡粉红色。菌褶稍密，离生，不等长，呈白色至淡灰色，受伤后不变色。菌柄长 3 ~ 8 cm，直径为 0.5 ~ 1 cm，常基部膨大，为空心，呈浅白色至污白色，近基部颜色加深，菌柄受伤后呈淡红色至淡红褐色。菌环中生，易脱落。见图 2。

图 2 变红青褶伞

2.2 生长环境

夏秋季节散生或群生于林地边缘或路边地上。已发现于高县、珙县、筠连县。

2.3 毒性和临床表现

有毒。误食后引起肠胃不适或出现胃肠炎症状。

3. 球盖青褶伞

Chlorophyllum globosum (Mossebo) Vellinga

3.1 形态特征

形态与大青褶伞相似。菌盖直径可达 20 cm，幼时呈球状或近球状，成熟后呈平展状，表面被有褐色鳞片。菌褶白色、离生。菌柄可长达 28 cm，菌柄靠上的位置有菌环。子实体的多个部位触摸后会变成红色至红褐色。见图 3。

3.2 生长环境

夏秋季节常生长于公园或小区草坪上，菜地里，路边草地、荒地，锯末堆上，甚至是垃圾堆旁。已发现于三江新区。

3.3 毒性和临床表现

有毒。一般发病快，多在误食后 10 分钟至 2 小时内发病，少数患者可达 6 小时，主要表现为恶心、呕吐、腹痛、腹泻、全身无力。持续时间较短，多在 1 ~ 3 天好转，预后良好。严重者可因剧烈呕吐及腹泻出现脱水及电解质紊乱甚至休克。

图 3　球盖青褶伞

3.4　涉及事件

2023 年 8 月，三江新区发生一起 5 人中毒事件。

4. 近江粉褶菌（又名黄条纹粉褶菌、奥米粉褶菌）
Entoloma omiense (Hongo) E. Horak

4.1　形态特征

菌盖直径为 2.5 ~ 4 cm，大体呈灰黄色、浅灰褐色至浅黄褐色，有时带粉红色，斗笠形至近平展形，表面光滑，具条纹，中部常具有稍尖或稍钝的凸起。菌肉薄。菌褶直生，较密、较宽，不等长，边缘有 2 ~ 3 行小菌褶，幼时呈白色，成熟后呈粉红色至淡粉黄色。菌柄光滑，长 5 ~ 14 cm，直径为

3～4 mm，近白色至与盖色接近，基部有白色菌丝体。见图4。

图4　近江粉褶菌

4.2　生长环境

单生或散生于竹林、针叶林地上。已发现于江安县、兴文县。

4.3 毒性和临床表现

有毒。误食 5 ~ 10 分钟后即可导致严重的胃肠炎型中毒及一定的神经型中毒，出现恶心、呕吐、腹泻、腹痛、严重头痛、口干、乏力、大腿肌肉痉挛、口舌麻木等症状。

4.4 涉及事件

2023 年 8 月，高县发生一起 4 人中毒事件。

2023 年 8 月，屏山县发生一起 2 人中毒事件。

5. 白小鬼伞（又名白假鬼伞）

Coprinellus disseminatus (Pers.)J.E.Lange

5.1 形态特征

菌盖直径为 5 ~ 10 mm，初期呈卵形至钟形，后期平展，大体呈淡褐色至黄褐色，表面被有白色至褐色颗粒状至絮状鳞片，边缘有长条纹。菌肉薄，近白色。菌褶初期呈白色，后期转为褐色至近黑色，成熟时不自溶或仅缓慢自溶。菌柄长 2 ~ 4 cm，直径为 1 ~ 2 mm，呈白色至灰白色。见图 5。

5.2 生长环境

夏秋季节生于路边、林中的腐木或草地上。多地常见，已发现于翠屏区、叙州区、长宁县、高县、江安县。

5.3 毒性和临床表现

有毒。个体很小，少有人采食，无相关记载。

图 5　白小鬼伞

6. 肥脚白鬼伞

Leucocoprinus cepistipes (Sowerby) Pat.

6.1　形态特征

整体呈白色。菌盖直径为 4 ~ 7 cm，呈白色至淡黄色，初期呈扁半球形，展开后中央有明显凸起，颜色深，表面具有细小、松软易脱落的污白色鳞片，边缘有条棱。菌肉薄，味苦。菌褶离生，稍密，不等长。菌柄长 3 ~ 8 cm，内部为空心，基部膨大成球形，具菌环。见图 6。

图 6　肥脚白鬼伞

6.2　生长环境

夏秋季节群生于林地上、路边或菜地。已发现于南溪区、屏山县。

6.3　毒性和临床表现

有毒。误食后会导致胃肠炎型中毒。

7. 纯黄白鬼伞
Leucocoprinus birnbaumii (Corda) Singer

7.1　形态特征

菌盖直径为 3 ~ 8 cm，初期呈长卵形，成熟后平展，中间凸起，表面呈浅黄色至黄色，被覆淡黄色至黄色鳞片；边缘有细密的辐射状条纹。菌肉呈乳白至淡黄色。菌褶离生，淡黄色。菌柄长 4 ~ 11 cm，直径为 2 ~ 8 mm，圆柱形，呈淡黄色至黄色，上有绒毛，基部膨大。菌环中上位，易脱落。见图 7。

图 7　纯黄白鬼伞

7.2　生长环境

夏秋季节散生或群生于林地上或土路边。已发现于高县、长宁县。

7.3　毒性和临床表现

有毒。误食后会导致胃肠炎型中毒。

8. 点柄黄红菇（又名点柄臭黄菇）
Russula punctipes Singer

8.1　形态特征

菌盖直径为 4 ~ 10 cm，大体呈赭黄褐色、污黄色至暗黄褐色，初期呈近扁半球形，后期渐平展，平展后中部凹陷，边缘反卷，表面粗糙且有小疣组成的明显粗条棱，稍黏。菌肉呈浅黄色至暗黄色，具有腥臭气味，口感味道辛辣。菌褶密，直生至稍延生，等长或不等长，呈污白色至淡黄褐色，边缘具有褐色斑点。菌柄长 5 ~ 9 cm，直径为 0.4 ~ 1 cm，呈污白色、污黄色至暗褐色，表面有暗褐色小疣点，内部松软至空心，质地脆。见图 8。

8.2　生长环境

夏秋季节单生或群生于针阔混交林地。已发现于长宁县、江安县、高县。

8.3　毒性和临床表现

有毒。误食后主要表现为胃肠炎症状。

图 8 点柄黄红菇

9. 黄盖小脆柄菇（又名白黄小脆柄菇）

Candolleomyces candolleanus (Fr.) D. Wächt. & A. Melzer

9.1 形态特征

菌盖直径为 2 ~ 7 cm，大体呈黄白色、淡黄色至浅褐色，幼时呈圆锥形，渐变为钟形，老熟后平展呈伞形；初期边缘有透明状条纹，悬挂有花边状菌幕残片，成熟后边缘开裂，呈水浸状。菌肉呈污白色至灰棕色。菌褶密，直生，不等长，边缘有 1 ~ 2 行小菌褶，呈淡褐色至深紫褐色。菌柄长 4 ~ 7 cm，直径为 3 ~ 5 mm，基部略膨大，幼时实心，成熟后为空心，丝光质，表面有白色纤毛。见图 9。

图 9 黄盖小脆柄菇

9.2 生长环境

夏秋季节群生或单生于林地、田野上。已发现于南溪区、高县、珙县、屏山县。

9.3 毒性和临床表现

可能有毒。食用后可引起肠胃不适或出现胃肠炎症状，食用价值低，避免采食。

10. 栎裸脚伞（又名栎裸脚菇、栎金钱菌）

Gymnopus dryophilus (Bull.) Murrill

10.1 形态特征

菌盖直径为 2 ~ 7 cm，大体呈赭黄色至浅棕色，中部呈黄褐色，周围色淡或白色，初期呈半球形，后期菌盖平展，表面光滑，边缘平整至近波状、水渍状。菌褶离生，稍密，呈污白色至浅黄色，不等长，褶缘平滑。菌柄长 3 ~ 7 cm，直径为 0.3 ~ 5 mm，脆，呈黄褐色。见图 10。

图 10 栎裸脚伞

10.2　生长环境

夏秋季节簇生于林地上。已发现于南溪区、叙州区、筠连县。

10.3　毒性和临床表现

微毒。误食后可能出现胃肠炎症状。

11. 黑毛小塔氏菌（又名毛柄网褶菌、黑毛桩菇）
Tapinella atrotomentosa (Batsch) Fr.

11.1　形态特征

菌盖直径为 5 ~ 12 cm，表面呈褐色至污白色，受伤后变暗灰色或暗褐色，平展至上翘，中部下凹，边缘内卷。菌肉呈浅黄色至奶白色，可厚达 8 mm，受伤后不变色或变色不明显。菌褶延生，呈淡褐色或淡黄色，受伤后先变淡紫色，最后变黑色。菌柄长 3 ~ 9 cm，直径为 1 ~ 3 cm，被有较密的暗褐色或暗紫褐色绒毛。基部菌丝呈淡褐色。见图 11。

11.2　生长环境

腐生菌。夏秋季节丛生或单生于针叶林地、针阔混交林地或腐木、腐竹桩上。已发现于长宁县、高县。

11.3　毒性和临床表现

有毒。误食后会导致胃肠炎型中毒或肝肾损害型中毒。

图 11　黑毛小塔氏菌

12. 隐纹条孢牛肝菌

Boletellus indistinctus G. Wu, Fang Li & Zhu L. Yang

12.1　形态特征

菌盖直径为 4 ~ 7 cm，菌盖和菌柄呈橙红色、粉红色至玫红色，菌柄上有不明显的网纹，菌肉和菌管呈淡黄色，受伤后变蓝。见图 12。

12.2　生长环境

夏秋季节生长于阔叶林或混交林地上。已发现于翠屏区。

12.3　毒性和临床表现

有毒。误食后会出现呕吐、腹痛、腹泻等症状。

图 12　隐纹条孢牛肝菌

13. 芝麻厚瓤牛肝菌

Hourangia nigropunctata (W.F. Chiu) Xue T. Zhu & Zhu L. Yang

13.1　形态特征

菌盖直径为 2 ~ 7 cm，表面被有密的黄棕色、红棕色至深棕色点状鳞片。菌肉呈淡黄色，受伤后变蓝或不明显，后变为褐色。子实层体直生或在菌柄顶端下陷，表面及菌管呈黄色，受伤后迅速变蓝。菌柄长 2 ~ 8 cm，直径为 0.3 ~ 1.2 cm，呈浅棕色至棕黄色，多光滑，有时有纤丝状鳞片。基部菌丝呈污白色。见图 13。

13.2　生长环境

夏秋季节生于阔叶林或针阔混交林地上。已发现于叙州区、筠连县。

13.3　毒性和临床表现

可能有毒。误食后会导致胃肠炎型中毒。

图 13　芝麻厚瓤牛肝菌

14. 网状硬皮马勃

Scleroderma areolatum Ehrenb.

14.1　形态特征

担子果表面呈污黄色至土黄色，紧贴有同色龟裂小鳞片；直径为 2 ~ 3 cm，呈球形至近球形，基部无柄但有米色或黄色菌索；包被厚 1 ~ 2 mm，呈污白色，受伤后变为淡紫色至紫色；包被包裹的菌肉初期呈灰紫色，后期呈灰色至暗灰色或近黑色，成熟后为粉末状。见图 14。

图 14　网状硬皮马勃

14.2 生长环境

夏秋季节群生或散生于针叶林或针阔混交林地上。已发现于叙州区。

14.3 毒性和临床表现

有毒。误食后会出现胃肠炎症状，如呕吐、腹泻甚至昏迷。

14.4 涉及事件

2023年9月，叙州区发生一起2人中毒事件。

15. 橙黄硬皮马勃

Scleroderma citrinum Pers.

15.1 形态特征

担子果表面呈土黄色、黄褐色至近橙黄色；直径为3 ~ 13 cm，近球形或扁圆形，表面初期近平滑，渐形成龟裂状鳞片；皮层厚，皮层剖面带红色。内部幼时呈白色，孢体初期呈灰紫色，渐呈紫黑褐色，后期包被破裂散发孢粉。见图15。

15.2 生长环境

夏秋季节群生或单生于松林等林中或林缘地上。已发现于翠屏区、高县。

15.3 毒性和临床表现

有毒。误食后会引起肠胃不适或出现胃肠炎症状。眼鼻部分接触到它的孢子时，会有可能引起流泪或结膜炎、鼻炎或鼻漏等不良反应。

图 15　橙黄硬皮马勃

16. 豆马勃（又名彩色豆马勃、豆包菌）

Pisolithus arhizus (Scop.) Rauschert

16.1　形态特征

担子果表面初期呈米黄色，后变为褐色至锈褐色，最后呈青褐色；直径为 3.5 ~ 16 cm，呈不规则球形至扁球形，下部缩小形成菌柄。包被光滑，薄且易碎，成熟后上部包被会片状脱落。菌柄可达 5 ~ 6 cm，直径可达 3 cm，由一团青黄色的根状菌索固定于附着物上。切开包被后的剖面有彩色豆状物。见图 16。

16.2　生长环境

夏秋季节单生或群生于松树等林中沙地或草地上。已发

图 16　豆马勃

现于翠屏区、叙州区。

16.3　毒性和临床表现

有毒。误食后会出现胃肠炎症状，如恶心、呕吐、头晕、乏力、胃胀、心悸等。有报道称幼时可食、药用，但建议不食用。

16.4　涉及事件

2023 年 10 月，翠屏区发生一起 4 人中毒事件。

二、急性肝损害型

1. 致命鹅膏（又名致命白毒伞）
Amanita exitialis Zhu L. Yang & T.H. Li

1.1　形态特征

大体呈白色，无菌幕残余，菌盖直径为 4 ~ 12 cm，形态平展，边缘无沟纹。菌褶离生，稠密。菌柄长 7 ~ 9 cm，直径为 0.5 ~ 1.5 cm，内部为实心。菌环顶生至近顶生。基部近球形。菌托浅杯状，可高达 3 cm。见图 17。

图 17　致命鹅膏

1.2　生长环境

夏秋季节生于阔叶林地上。已发现于屏山县、筠连县。

1.3　毒性和临床表现

剧毒，严禁食用。误食后可导致急性肝损害型中毒，在急性胃肠炎期（误食后 6 ~ 48 小时）表现为恶心、呕吐、剧烈腹痛、"霍乱型"腹泻等肠胃症状，严重情况下可能会导致酸碱紊乱、电解质紊乱、低血糖、脱水和低血压，但肝功能指标往往是正常的。急性胃肠炎期过后会出现假愈期（误食后 48 ~ 72 小时），胃肠炎症状消失，近似康复，1 ~ 2 天无明显症状，但谷草转氨酶、谷丙转氨酶和胆红素开始上升，肾功能也开始恶化。假愈期过后，进入内脏损害期（误食后 72 ~ 96 小时），患者重新出现腹痛、带血样腹泻等症状，病情迅速恶化，出现肝功能异常和黄疸、肝大、转氨酶急剧上升，严重的高达几千甚至几万，肝肾功能恶化，凝血功能被严重扰乱，引起内出血，最后导致肝、肾、心脏、脑、肺等器官功能衰竭，患者 5 ~ 16 天死亡。

1.4 涉及事件

2022 年 5 月，屏山县发生一起 3 人中毒事件。

2023 年 6 月，筠连县发生一起 5 人中毒事件。

2. 灰花纹鹅膏

Amanita fuliginea Hongo

2.1 形态特征

菌盖直径为 3 ~ 6 cm，表面呈深灰色、暗褐色至近黑色，有深色纤丝状隐生斑纹，边缘平滑无沟纹。菌褶离生，呈白色，较密。菌柄长 5 ~ 15 cm，直径为 0.5 ~ 1 cm，呈白色或淡灰色，常被浅褐色细小鳞片，菌环顶生至近顶生，呈灰色或污白色，菌柄基部近球形。菌托浅杯状，呈白色。见图 18。

图 18　灰花纹鹅膏

2.2　生长环境

夏秋季节生于针阔混交林或阔叶林地上。已发现于珙县。

2.3　毒性和临床表现

剧毒，严禁食用。误食后会导致急性肝损害型中毒，与致命鹅膏一样表现为急性胃肠炎期、假愈期、内脏损害期。

2.4　涉及事件

2023 年 6 月，珙县发生一起 2 人中毒事件。

三、急性肾衰竭型

1. 拟卵盖鹅膏

Amanita neoovoidea Hongo

1.1 形态特征

整体呈白色至米黄色，菌盖直径为 7 ~ 18 cm，表面常被有淡黄褐色膜状大鳞片，鳞片内层有白色粉末，边缘常有絮状物但无沟纹。菌褶不等长。菌柄长 7 ~ 20 cm，直径为 1 ~ 3 cm，表面被有白色絮状至粉末状鳞片。菌环顶生，易破碎消失。基部腹鼓状至白萝卜状，被破布状、环带状或卷边状鳞片。见图 19。

1.2 生长环境

夏秋季节生于松林或针阔混交林地上。已发现于翠屏区、高县。

1.3 毒性和临床表现

有毒。误食拟卵盖鹅膏菌可引起急性肾衰竭，通常在 8 ~ 12 小时的潜伏期后出现呕吐、腹泻、腹痛等肠胃症状。从误食到肝肾损害一般是 1 ~ 4 天，肝转氨酶升高约为正常上限的 15 倍，肝功能中度受损。肾功能损害的表现为急性肾小管间质肾病，出现少尿或无尿现象，生化指标表现为血液中肌酐和尿素氮升高。

图 19　拟卵盖鹅膏

2. 血红丝膜菌（又名红丝膜菌）

Cortinarius sanguineus (Wulfen) Fr.

2.1 形态特征

菌盖直径为 2 ~ 6 cm，初时呈扁半球形，中部稍凸起，后平展，呈血红色至紫褐色，幼时覆绒毛状鳞片，后期变光滑。菌肉呈淡血红色至血红色，较薄。菌褶直生，幅宽，呈血红色至暗血红色，后期为锈褐色。菌柄长 4 ~ 9 cm，直径为 4 ~ 7 mm，上下等粗，扭曲，表面有少量纤毛，呈血红色，伤后颜色变暗，纤维质，为空心。菌幕上位，丝膜状，呈淡黄色至血红色，易消失。见图 20。

图 20　血红丝膜菌

2.2　生长环境

夏秋季节生于针叶林或针阔混交林地上。已发现于筠连县。

2.3　毒性和临床表现

有毒。误食后会导致急性肾衰竭。

四、神经精神型

1.黑紫变黑牛肝菌

Anthracoporus nigropurpureus (Hongo) Yan C. Li & Zhu L. Yang

1.1　形态特征

整体呈黑褐色、棕黑色或褐紫色，菌盖直径为 4.5 ～ 8 cm，呈半球形至凸镜形，表面被有较密毛绒。菌肉厚 1.5 ～ 2 cm，近乳白色，肉质初坚脆，老后呈海绵质，生尝微酸，闻之有菌香气。菌管口初呈乳白色，后呈污灰色、浅黑褐色，近菌柄处贴生或微下延，但不下陷。菌柄粗，中上部有明显网纹，网眼多狭长，网脊凸起，基部略膨大，无网纹，较粗糙。所有部位受伤后先变红后变黑。见图 21。

1.2　生长环境

夏秋季节生于针阔混交林地上。已发现于南溪区、高县。

图 21　黑紫变黑牛肝菌

1.3　毒性和临床表现

有毒。误食后会导致神经精神型中毒，初期表现为醉酒状，走路不稳，后出现腿部肌肉痉挛、手脚颤抖、肌无力、复视（视物重影）、头痛等症状。

1.4　涉及事件

2022 年 6 月，高县发生一起 4 人中毒事件。

2. 球基鹅膏

Amanita subglobosa Z. L. Yang

2.1　形态特征

菌盖直径为 4 ~ 10 cm，表面呈淡褐色、褐色至深褐色，表面被有白色或淡黄色的角锥状至疣状鳞片，边缘有沟纹。菌褶离生至近离生，呈白色至米色。菌柄长 5 ~ 15 cm，直径为 0.5 ~ 2 cm，呈白色至米色。菌环上位，呈白色。基部近球状，被有淡黄色或白色锥状至粉末状鳞片，一层一层似领口状。见图 22。

图 22　球基鹅膏

2.2 生长环境

夏秋季节生于亚热带阔叶林或混交林地上。已发现于珙县、江安县。

2.3 毒性和临床表现

有毒。含异噁唑衍生物，误食后会导致神经精神型中毒。

2.4 涉及事件

2023 年 10 月，高县发生一起 4 人中毒事件。

3. 格纹鹅膏

Amanita fritillaria Sacc.

3.1 形态特征

菌盖直径为 4 ~ 10 cm，呈浅灰色、褐灰色至浅褐色，表面有深灰色至黑色鳞片，可见辐射状隐生纤丝花纹。菌柄长 5 ~ 10 cm，直径为 0.6 ~ 1.5 cm，呈白色至污白色，被有灰色至灰黑色鳞片。菌环上位。基部呈近球形、陀螺形，直径为 1 ~ 2.5 cm，其上半部被有深灰色至近黑色鳞片。见图 23。

3.2 生长环境

夏秋季节散生或群生于针叶林、阔叶林地上。已发现于叙州区、长宁县、高县、江安县、筠连县、兴文县。

3.3 毒性和临床表现

微毒，应避免采食。误食后会导致神经精神型中毒。

图 23　格纹鹅膏

4. 紫褐裸伞（又名热带紫褐裸伞、变色龙裸伞）
Gymnopilus dilepis (Berk. & Broome) Singer

4.1　形态特征

　　菌盖平展直径为 3 ~ 7 cm，呈黄褐色至紫褐色，中央被有褐色至暗褐色鳞片。菌肉呈淡黄色至米色，味苦。菌褶呈黄褐色至淡黄色。菌柄长 4 ~ 7 cm，直径为 0.3 ~ 1 cm，呈褐色至紫褐色，表面有细小褐色纤丝状鳞片。菌环纤丝状，易消失。见图 24。

图 24　紫褐裸伞

4.2　生长环境

夏秋季节群生或单生于林中腐木上。已发现于翠屏区、叙州区、长宁县、江安县。

4.3　毒性和临床表现

有毒。误食后会导致神经精神型中毒，出现头晕、乏力、麻木、幻觉等症状。

5. 变蓝灰斑褶菇（又名变蓝斑褶菇、蓝灰斑褶菇、花斑褶伞）

Panaeolus cyanescens Sacc.

5.1　形态特征

菌盖直径为 1.5 ~ 6 cm，幼时呈半球形，后呈钟形至凸镜形，成熟后渐展开至平展，初呈浅棕色，成熟后多呈渐白色或浅灰色，偶见黄色或褐色、浅褐色至灰褐色，水渍状，受伤后变绿色或蓝色至蓝黑色。菌肉厚 1 ~ 3 mm，呈白色，受伤后变蓝色至蓝黑色。菌褶直生或近直生，较密，不等长，初呈灰色，成熟后呈灰黑色，褶缘锯齿状。菌柄长 5 ~ 12 cm，直径为 2 ~ 6 mm，呈圆柱形，基部稍膨大，上部呈白色，下部呈褐色或与菌盖同色，受伤后变蓝黑色，有白色绒毛和条纹，空心。见图 25。

5.2　生长环境

夏秋季节散生至群生于粪堆上、腐殖质丰富的林地或草地上。已发现于珙县。

5.3　毒性和临床表现

有毒。误食后会导致神经精神型中毒，有致幻症状。

图 25　变蓝灰斑褶菇

五、溶血型

鹿角肉座壳菌（又名红角肉棒菌）

Trichoderma cornu-damae (Pat.) Z.X. Zhu & W.Y. Zhuang

形态特征

子座棒状，高 3 ~ 10 cm，直径为 0.5 ~ 1 cm，有时呈指状分枝，顶端钝圆或稍尖。表面呈红色至橙红色，颜色鲜艳。菌肉呈白色，受伤后不变色，有弹性。见图 26。

图 26　鹿角肉座壳菌

生长环境

夏季生长于腐木上。已发现于筠连县。

毒性和临床表现

有毒。误食后会出现胃肠道症状和溶血症状。

第三章

蘑菇中毒的诊断与鉴别

一、蘑菇中毒的诊断

蘑菇中毒的诊断主要结合进餐史、蘑菇标本、临床表现、生化检查和毒素检测来确定。宜宾市发现的毒蘑菇食源性疾病基本为家庭自采，误食引起的，常见于6—10月夏秋季节，尤其是在7—8月毒蘑菇生长旺季容易出现暴发。毒蘑菇采摘地点基本上是农村地区的山林和田地。临床表现以胃肠炎型居多，少数表现为肝、肾损害和/或神经精神损害等。

需要注意的是，蘑菇中毒临床表现多样，缺乏特异性。有些毒蘑菇幼时无毒，成熟后有毒；有些可食蘑菇，部分人食用不发病，但部分人食用会发病。毒蘑菇所含毒素复杂，几乎可对所有人体组织器官造成伤害，各器官损伤常交叉存在，应避免仅凭患者中毒的始发表现判断临床类型和预后评估。对蘑菇种类不明确尤其是潜伏期超过6小时的中毒患者，更应警惕致死性蘑菇中毒的可能，动态监测反映肝、肾功能及凝血功能等变化的生化指标。

二、蘑菇中毒的毒素检测

蘑菇中毒表现与毒素密切相关。同一种毒蘑菇可能含有多种毒素，研究较多的毒素主要是可导致急性肝损害的鹅膏肽类毒素，可导致急性肾衰竭的丝膜菌毒素和鹅膏菌毒素，可导致神经精神中毒的毒蕈碱、异噁唑衍生物、鹿花菌素和裸盖菇素等。

在中毒事件中，常见的致命毒素主要是鹅膏肽类毒素中的鹅膏毒肽、丝膜菌毒素中的奥来毒素和鹅膏菌毒素中的 2-氨基 -4,5- 己二烯酸。

留取患者的呕吐物、血液、尿液或蘑菇等开展的毒素检测，可以为蘑菇中毒的诊断及预后评估提供重要信息。目前，国内外对蘑菇毒素的检测技术主要有化学显色检测法、薄层层析法、放射免疫法、酶联免疫法、高效液相色谱法及液相色谱－质谱法等。其中，应用高效液相色谱法及液相色谱－质谱法检测鹅膏毒肽的方法较为成熟。奥来毒素可用 2% 三价铁氯化物和盐酸反应显色实验进行定性检测。需要注意的是，鹅膏毒肽在血液里的存留时间一般不超过 24 ～ 48 小时，而尿液持续阳性的时间可达 96 小时。

三、部分毒蘑菇与食用蘑菇的鉴别

蘑菇鉴定通常有两种方式，一是常用的蘑菇形态学分类鉴定，通过对蘑菇子实体宏观和微观特征点的观察、测量、比对来进行鉴定；二是逐渐发展的基因测序、分子鉴定技术，应用内转录间隔区片段测序与比对，为毒蘑菇鉴定提供可靠手段。

中毒现场可通过对蘑菇照片的识别做出初步判断，但由于蘑菇形态极为相似，即使是有些专业人士也不能仅凭照片进行区分，所以提醒广大读者朋友们不要轻易尝试采食。

表 3 ～表 6 罗列了四种易混淆蘑菇的宏观形态图片，提醒读者朋友们注意分辨。

表 3　野生菌形态鉴别一

名称	特征图片	鉴别点
毒蘑菇 大青褶伞		菌褶成熟后呈绿色
可食蘑菇 高大环柄菇		菌褶呈白色

表 4　野生菌形态鉴别二

名称	特征图片	鉴别点
毒蘑菇 致命鹅膏		菌盖边缘无沟纹
可食蘑菇 大白鹅膏		菌盖边缘有长沟纹

表 5　野生菌形态鉴别三

名称	特征图片	鉴别点
毒蘑菇 近江粉褶菌		无假根，菌褶成熟后呈粉红色
可食蘑菇 鸡枞菌		基部有细长假根，菌褶呈白色

表 6　野生菌形态鉴别四

名称	特征图片	鉴别点
毒蘑菇 芝麻厚瓤 牛肝菌		子实层体受伤后变蓝或不明显
可食蘑菇 云南绒盖 牛肝菌		子实层体受伤后不变色

第四章

蘑菇中毒的预防与控制

一、提高公众对蘑菇中毒的认识

毒蘑菇与可食蘑菇外观相似，中毒表现各异，普通人缺乏丰富的辨别经验和科学的鉴别手段，难以进行区分。目前尚无治疗中毒的特效药，误食后可能会带来几百元甚至上万元的经济损失，更可能对身体各器官造成损害，严重者威胁生命。所以预防蘑菇中毒的根本方法就是：对毒蘑菇不采摘、不购买、不食用！

二、加强食品安全监管，防止有毒蘑菇流入市场

市场监管部门要加强对消费市场的监管，规范农贸市场等农产品销售场所和街边临时售卖摊点，减少私售自采毒蘑菇的行为。各类餐饮单位等要加强自我管理，严格把控好原料进货关，进货渠道要正规，做好原料进货登记台账，严禁采摘、采购、加工毒蘑菇，严禁使用毒蘑菇作为食品原料。

三、建立蘑菇中毒的预警与应急机制

虽然蘑菇中毒病例多出现在家庭等小型场所，但剧毒蘑菇的死亡风险较高，如在集体聚餐、举办宴席等场合误食了毒蘑菇，较容易引发食品安全事故，需要高度警惕和防控。

各地政府、卫生健康、市场监管等部门可通过食源性疾

病监测等手段，提高对蘑菇中毒聚集性病例和暴发事件的识别能力，并加强信息互通，发现食品安全隐患时及时预警，接到中毒事件报告时立即开展流行病学调查、食品卫生学调查、毒物封控等应急处置。疾病预防控制机构和医疗机构应逐步提高蘑菇识别、毒素检测、医疗救治等能力，将蘑菇中毒对人群健康的危害控制在最小范围。

四、开展蘑菇中毒的健康教育与培训

在蘑菇中毒高发时期，各防控部门可以通过媒体、海报、标语等多种渠道大力开展健康教育和科普宣传活动，尤其在农村地区、居民集中居住地周边、餐饮场所、学校、旅游景区等，普及毒蘑菇的形态特点、中毒危害和经济损失等，引导公众自觉远离毒蘑菇。指导公众在误食中毒后立即催吐，尽可能排出毒素，并拨打急救电话，或尽快赶到医疗机构接受救治，同时还应保留所食剩余毒蘑菇或毒蘑菇的影像资料以备调查、鉴定。

2024 年，国家卫生健康委员会食品司组织专家结合地方优秀经验措施，梳理相关的专业资料和科普作品，建立了"有毒动植物和毒蘑菇中毒科普宣传及诊疗鉴定'工具箱'"平台（https://www.foodu14.com/special/show-95.html）并及时更新动态，供全国卫生健康与食品安全工作者使用。

五、加强蘑菇中毒的研究与技术创新

国家可通过建立疾病预防控制和医疗等应用机构与高校等科研机构的合作机制，探索能应用于基层防控的蘑菇形态识别技术和毒素快速检测技术，以期在应急处置工作中起到决定性作用。

参考文献

[1] 陈作红, 杨祝良, 图力古尔, 等. 毒蘑菇识别与中毒防治[M]. 北京: 科学出版社, 2016.

[2] 杨祝良, 吴刚, 李艳春, 等. 中国西南地区常见食用菌和毒菌[M]. 北京: 科学出版社, 2021.

[3] 李玉, 李泰辉, 杨祝良, 等. 中国大型菌物资源图鉴[M]. 郑州: 中原农民出版社, 2015.

[4] 杨祝良, 王向华, 吴刚. 云南野生菌[M]. 北京: 科学出版社, 2022.

[5] 杨祝良. 中国真菌志: 第五十二卷, 环柄菇类（蘑菇科）[M]. 北京: 科学出版社, 2019.

[6] 中国医师协会急诊医师分会, 中国急诊专科医联体, 中国医师协会急救复苏和灾难医学专业委员会, 等. 中国蘑菇中毒诊治临床专家共识[J]. 临床急诊杂志, 2019, 20(8): 583-598.

后 记

　　值得注意的是，本书中仅列举了毒蘑菇的常见种类，只是毒蘑菇庞大种群的冰山一角，自然界中毒蘑菇种类还在不断地被发现，尚有很多蘑菇中毒案例没有被报道，毒理研究尚不充分。读者朋友们一定要小心谨慎，切勿随意购买、采食野生菌，守护好生命健康。